MW00387789

Made in the USA
Middletown, DE
27 November 2021

53560635R00062